Treino de matemática para crianças e adolescentes com transtorno do espectro autista

EDITORES DA SÉRIE
Cristiana Castanho de Almeida Rocca
Telma Pantano
Antonio de Pádua Serafim

Treino de matemática para crianças e adolescentes com transtorno do espectro autista

AUTORAS
Cláudia Inês Pelegrini de Oliveira Abreu
Alison Vanessa Morroni Amaral
Telma Pantano

Copyright © Editora Manole Ltda., 2022, por meio de contrato com os editores e as autoras.

A edição desta obra foi financiada com recursos da Editora Manole Ltda., um projeto de iniciativa da Fundação Faculdade de Medicina em conjunto e com a anuência da Faculdade de Medicina da Universidade de São Paulo – FMUSP.

Logotipos *Copyright* © Faculdade de Medicina da Universidade de São Paulo
Copyright © Hospital das Clínicas – FMUSP
Copyright © Instituto de Psiquiatria

Editora: Juliana Waku
Projeto gráfico: Departamento Editorial da Editora Manole
Capa: Ricardo Yoshiaki Nitta Rodrigues
Ilustrações: Thais Furtado Rodrigues de Oliveira, Freepik, iStockphoto

CIP-BRASIL. CATALOGAÇÃO NA PUBLICAÇÃO
SINDICATO NACIONAL DOS EDITORES DE LIVROS, RJ

A145t

Abreu, Cláudia Inês Pelegrini de Oliveira
    Treino de matemática para crianças e adolescentes com transtorno do espectro autista / Cláudia Inês Pelegrini de Oliveira Abreu, Alison Vanessa Morroni Amaral, Telma Pantano ; editores da série Cristiana Castanho de Almeida Rocca, Telma Pantano, Antonio de Pádua Serafim. - 1. ed. - Santana de Parnaíba [SP] : Manole, 2022.
    il. ; 23 cm. (Psicologia e neurociências)

    Inclui bibliografia e índice
    ISBN 978-65-5576-501-4

    1. Autistas - Educação. 2. Matemática - Estudo e ensino. 3. Ensino - Metodologia. 4. Inclusão escolar. 5. Educação especial. 6. Professores de educação especial - Formação. I. Amaral, Alison Vanessa Morroni. II. Pantano, Telma. III. Rocca, Cristiana Castanho de Almeida. IV. Serafim, Antonio de Pádua. V. Título. VI. Série.

22-75320
CDD: 371.94
CDU: 376-056.3:51

Camila Donis Hartmann - Bibliotecária - CRB-7/6472

Todos os direitos reservados.
Nenhuma parte deste livro poderá ser reproduzida, por qualquer processo, sem a permissão expressa dos editores. É proibida a reprodução por fotocópia.
A Editora Manole é filiada à ABDR – Associação Brasileira de Direitos Reprográficos.

1ª edição – 2022; reimpressão – 2025.

Editora Manole Ltda.
Alameda Rio Negro, 967, conj. 717
Alphaville Industrial – Barueri – SP - Brasil
CEP: 06454-000
Fone: (11) 4196-6000
www.manole.com.br | https://atendimento.manole.com.br/

Impresso no Brasil
Printed in Brazil

EDITORES DA
SÉRIE *PSICOLOGIA E NEUROCIÊNCIAS*

Cristiana Castanho de Almeida Rocca
Psicóloga Supervisora do Serviço de Psicologia e Neuropsicologia, e em atuação no Hospital Dia Infantil do Instituto de Psiquiatria do Hospital das Clínicas da Faculdade de Medicina da Universidade de São Paulo (IPq-HCFMUSP). Mestre e Doutora em Ciências pela FMUSP. Professora Colaboradora na FMUSP e Professora nos cursos de Neuropsicologia do IPq-HCFMUSP.

Telma Pantano
Fonoaudióloga e Psicopedagoga do Serviço de Psiquiatria Infantil do Hospital das Clínicas da Faculdade de Medicina da Universidade de São Paulo (HCFMUSP). Vice-coordenadora do Hospital Dia Infantil do Instituto de Psiquiatria do HCFMUSP e especialista em Linguagem. Mestre e Doutora em Ciências e Pós-doutora em Psiquiatria pela FMUSP. Master em Neurociências pela Universidade de Barcelona, Espanha. Professora e Coordenadora dos cursos de Neurociências e Neuroeducação pelo Centro de Estudos em Fonoaudiologia Clínica.

Antonio de Pádua Serafim
Diretor Técnico de Saúde do Serviço de Psicologia e Neuropsicologia e do Núcleo Forense do Instituto de Psiquiatria do Hospital das Clínicas da Faculdade de Medicina da Universidade de São Paulo (IPq-HCFMUSP). Professor Colaborador do Departamento de Psiquiatria da FMUSP. Professor do Programa de Neurociências e Comportamento do Instituto de Psicologia da Universidade de São Paulo (IPUSP). Professor do Programa de Pós-graduação em Psicologia da Saúde da Universidade Metodista de São Paulo (UMESP)

AUTORAS

Cláudia Inês Pelegrini de Oliveira Abreu
Graduada em Matemática pelo Centro Universitário São José de Itaperuna, RJ. Pedagoga pela Universidade do Norte do Paraná (UNOPAR). Especialização em Matemática pela Faculdade Integrada de Jacarepaguá, RJ, em Docência do Ensino Superior pelo Centro Universitário São José de Itaperuna, RJ, e em Neuroeducação pela Escola Superior de Ciências da Santa Casa de Misericórdia de Vitória (EMESCAM), ES. Idealizadora do material lúdico de matemática Neuromatematicando. Neuroeducadora em atendimento a crianças e adolescentes com dificuldades de aprendizagem na Clínica Neuroeducar em Vitória, ES.

Alison Vanessa Morroni Amaral
Pedagoga pela Universidade do Norte do Paraná (UNOPAR). Especialista em Psicopedagogia pela Faculdade Anhanguera, em Alfabetização e Letramento pelo Instituto Superior de Educação da América Latina (ISAL) e em Neuroeducação pela Universidade Mozarteum (FAMOSP) e Centro de Estudos em Fonoaudiologia (CEFAC). Especialização multidisciplinar em Psiquiatria Infantil e Adolescência. Formação em Saúde Mental pelo Hospital das Clínicas da Faculdade de Medicina da Universidade de São Paulo (HCFMUSP). Colaboradora e pesquisadora do Hospital Dia Infantil do Instituto de Psiquiatria do HCFMUSP (IPq-HCFMUSP) nos grupos de estimulação no Treino de Funções Executivas e Aprendizagem, Habilidades Socioemocionais a partir de Histórias Infantis e Habilidades Matemáticas e autora dos manuais *Treino de funções executivas e aprendizado*, *Treino de habilidades matemáticas para crianças e adolescentes* e *Estratégias de manejo e intervenções em sala de aula*.

Telma Pantano

Fonoaudióloga e Psicopedagoga do Serviço de Psiquiatria Infantil do Hospital das Clínicas da Faculdade de Medicina da Universidade de São Paulo (HCFMUSP). Vice-coordenadora do Hospital Dia Infantil do Instituto de Psiquiatria do HCFMUSP e especialista em Linguagem. Mestre e Doutora em Ciências e Pós-doutora em Psiquiatria pela FMUSP. Master em Neurociências pela Universidade de Barcelona, Espanha. Professora e Coordenadora dos cursos de Neurociências e Neuroeducação pelo Centro de Estudos em Fonoaudiologia Clínica.

SUMÁRIO

Apresentação da Série Psicologia e Neurociências XI

Introdução 1
Definição do transtorno de espectro autista e as
comorbidades no processo de aprendizagem 3
Matemática na vida de crianças e adolescentes
com transtorno do espectro autista 11
Instruções para a utilização do material 15

Sessões
Sessão 1 – Conceito de adição e subtração 19
Sessão 2 – Decomposição 23
Sessão 3 – Conceito de adição e multiplicação 25
Sessão 4 – Conceito de divisão 27
Sessão 5 – Conceito de parênteses em uma equação numérica 29
Sessão 6 – Conceito de igualdade 33
Sessão 7 – Conceito de fração 35
Sessão 8 – Reta numérica e número decimal 37
Sessão 9 – Medidas (comprimento, capacidade e massa) 39
Sessão 10 – Tempo (hora, minuto, dia, mês e ano) 41
Sessão 11 – Figuras geométricas planas e espaciais 43
Sessão 12 – Equação de primeiro grau com uma incógnita 45

Referências bibliográficas 47
Índice remissivo 49
Slides 51

APRESENTAÇÃO DA
SÉRIE *PSICOLOGIA E NEUROCIÊNCIAS*

O processo do ciclo vital humano se caracteriza por um período significativo de aquisições e desenvolvimento de habilidades e competências, com maior destaque para a fase da infância e adolescência. Na fase adulta, a aquisição de habilidades continua, mas em menor intensidade, figurando mais a manutenção daquilo que foi aprendido. Em um terceiro estágio, vem o cenário do envelhecimento, que é marcado principalmente pelo declínio de várias habilidades. Este breve relato das etapas do ciclo vital, de maneira geral, contempla o que se define como um processo do desenvolvimento humano normal, ou seja, adquirimos capacidades, estas são mantidas por um tempo e declinam em outro.

No entanto, quando nos voltamos ao contexto dos transtornos mentais, é preciso considerar que tanto os sintomas como as dificuldades cognitivas configuram-se por impactos significativos na vida prática da pessoa portadora de um determinado quadro, bem como de sua família. Dados da Organização Mundial da Saúde (OMS) destacam que a maioria dos programas de desenvolvimento e da luta contra a pobreza não atinge as pessoas com transtornos mentais. Por exemplo, 75 a 85% dessa população não têm acesso a qualquer forma de tratamento da saúde mental. Deficiências mentais e psicológicas estão associadas a taxas de desemprego elevadas a patamares de 90%. Além disso, essas pessoas não têm acesso a oportunidades educacionais e profissionais para atender ao seu pleno potencial.

Os transtornos mentais representam uma das principais causas de incapacidade no mundo. Três das dez principais causas de incapacidade em pessoas entre as idades de 15 e 44 anos são decorrentes de transtornos mentais, e as outras causas são muitas vezes associadas com estes transtornos. Estudos tanto prospectivos quanto retrospectivos enfatizam que de maneira geral os transtornos mentais começam na infância e adolescência e se estendem à idade adulta.

Tem-se ainda que os problemas relativos à saúde mental são responsáveis por altas taxas de mortalidade e incapacidade, tendo participação em cerca de 8,8 a 16,6% do total da carga de doença em decorrência das condições de saúde em países de baixa e média renda, respectivamente. Podemos citar como exemplo a ocorrência da depressão, com projeções de ser a segunda maior causa de incidência de doenças em países de renda média e a terceira maior em países de baixa renda até 2030, segundo a OMS.

Entre os problemas prioritários de saúde mental, além da depressão estão a psicose, o suicídio, a epilepsia, as síndromes demenciais, os problemas decorrentes do uso de álcool e drogas e os transtornos mentais na infância e adolescência. Nos casos de crianças com quadros psiquiátricos, estas tendem a enfrentar dificuldades importantes no ambiente familiar e escolar, além de problemas psicossociais, o que por vezes se estende à vida adulta.

Considerando tanto os declínios próprios do desenvolvimento normal quanto os prejuízos decorrentes dos transtornos mentais, torna-se necessária a criação de programas de intervenções que possam minimizar o impacto dessas condições. No escopo das ações, estas devem contemplar programas voltados para os treinos cognitivos, habilidades socioemocionais e comportamentais.

Com base nesta argumentação, o Serviço de Psicologia e Neuropsicologia do Instituto de Psiquiatria do Hospital das Clínicas da Faculdade de Medicina da Universidade de São Paulo, em parceria com a Editora Manole, apresenta a série Psicologia e Neurociências, tendo como população-alvo crianças, adolescentes, adultos e idosos.

O objetivo desta série é apresentar um conjunto de ações interventivas voltadas para pessoas portadoras de quadros neuropsiquiátricos com ênfase nas áreas da cognição, socioemocional e comportamental, além de orientar pais e professores.

O desenvolvimento dos manuais da Série foi pautado na prática clínica em instituição de atenção a portadores de transtornos mentais por equipe multidisciplinar. O eixo temporal das sessões foi estruturado para 12 encontros, os quais poderão ser estendidos de acordo com a necessidade e a identificação do profissional que conduzirá o trabalho.

Destaca-se que a efetividade do trabalho de cada manual está diretamente associada à capacidade de manejo e conhecimento teórico do profissional em relação à temática a qual o manual se aplica. O objetivo não representa a ideia de remissão total das dificuldades, mas sim da possibilidade de que o paciente e seu familiar reconheçam as dificuldades peculiares de cada quadro e possam desenvolver estratégias para uma melhor adequação à sua realidade. Além disso, ressaltamos que os diferentes manuais podem ser utilizados em combinação.

CONTEÚDO COMPLEMENTAR

Os *slides* coloridos (pranchas) em formato PDF para uso nas sessões de atendimento estão disponíveis em uma plataforma digital exclusiva (https://conteudo-manole.com.br/treino-de-matematica-tea).

Para ingressar no ambiente virtual, utilize o *QR code* abaixo, digite a senha/*voucher* RESULTADO (é importante digitar a senha com letras maiúsculas) e faça seu cadastro.

O prazo para acesso a esse material limita-se à vigência desta edição.

Durante o processo de edição desta obra, foram tomados todos os cuidados para assegurar a publicação de informações técnicas, precisas e atualizadas conforme lei, normas e regras de órgãos de classe aplicáveis à matéria, incluindo códigos de ética, bem como sobre práticas geralmente aceitas pela comunidade acadêmica e/ou técnica, segundo a experiência do autor da obra, pesquisa científica e dados existentes até a data da publicação. As linhas de pesquisa ou de argumentação do autor, assim como suas opiniões, não são necessariamente as da Editora, de modo que esta não pode ser responsabilizada por quaisquer erros ou omissões desta obra que sirvam de apoio à prática profissional do leitor.

Do mesmo modo, foram empregados todos os esforços para garantir a proteção dos direitos de autor envolvidos na obra, inclusive quanto às obras de terceiros e imagens e ilustrações aqui reproduzidas. Caso algum autor se sinta prejudicado, favor entrar em contato com a Editora.

Finalmente, cabe orientar o leitor que a citação de passagens da obra com o objetivo de debate ou exemplificação ou ainda a reprodução de pequenos trechos da obra para uso privado, sem intuito comercial e desde que não prejudique a normal exploração da obra, são, por um lado, permitidas pela Lei de Direitos Autorais, art. 46, incisos II e III. Por outro, a mesma Lei de Direitos Autorais, no art. 29, incisos I, VI e VII, proíbe a reprodução parcial ou integral desta obra, sem prévia autorização, para uso coletivo, bem como o compartilhamento indiscriminado de cópias não autorizadas, inclusive em grupos de grande audiência em redes sociais e aplicativos de mensagens instantâneas. Essa prática prejudica a normal exploração da obra pelo seu autor, ameaçando a edição técnica e universitária de livros científicos e didáticos e a produção de novas obras de qualquer autor.

INTRODUÇÃO

Um dos maiores desafios que, atualmente, os profissionais se deparam ao trabalhar com os conteúdos educacionais básicos refere-se à estimulação da matemática com crianças e adolescentes com transtorno do espectro autista (TEA). Os profissionais têm dificuldades em saber quais práticas e/ou intervenções devem adotar ou, ainda, qual metodologia seria mais propícia para se ter um resultado positivo. A carência de estudos e metodologias relacionadas a essa estimulação torna ainda mais importante a publicação de material específico para esses pacientes.

Os estudos atuais relacionados às neurociências contribuem para a compreensão do funcionamento do cérebro e suas aplicabilidades no processo de ensino-aprendizagem. O conhecimento do funcionamento cerebral, em conjunto com a atuação clínica pedagógica, facilita a compreensão das habilidades cognitivas prejudicadas no TEA de forma mais específica conforme o critério diagnóstico do *Manual diagnóstico estatístico de transtornos mentais* (DSM-5)[1].

Em decorrência das características específicas do autismo, as crianças e os adolescentes com TEA apresentam uma dificuldade em compreender e utilizar os conceitos matemáticos, já que o processamento matemático envolve funções cognitivas complexas. Diante dessa necessidade desenvolvemos um material cujo objetivo é trabalhar os conceitos básicos de matemática com crianças e adolescente com TEA, que apresentam dificuldades de desenvolver as habilidades matemáticas.

O material tem como principal objetivo instrumentalizar os psicopedagogos e profissionais afins com materiais específicos e lúdicos que desenvolvem os conceitos básicos de matemática, possibilitando assim o desenvolvimento das percepções visuais, auditivas e sensório-motoras e visando a eficácia do processo de ensino-aprendizagem para o desenvolvimento intelectual e potencial de cada criança e adolescente com TEA.

DEFINIÇÃO DO TRANSTORNO DO ESPECTRO AUTISTA E AS COMORBIDADES NO PROCESSO DE APRENDIZAGEM

As causas e as alterações cerebrais responsáveis pelo quadro de transtorno do espectro autista (TEA) encontram diversas vertentes de pesquisas sem nenhum consenso atual. O diagnóstico ainda é clínico, realizado por meio da observação de sinais e sintomas específicos que acabam por descrever as alterações funcionais desses pacientes. Segundo o DSM-5[1] o TEA traz três níveis de gravidade de acordo com o comprometimento funcional. O diagnóstico é feito por meio da observação de prejuízos na comunicação social recíproca e na interação social, padrões restritos e repetitivos de comportamento, interesses ou atividades.

Esses sintomas devem estar presentes desde a infância e limitar ou prejudicar o funcionamento diário. As características dos prejuízos vão depender do indivíduo e do ambiente que está inserido. Déficits verbais e não verbais na comunicação sociais são variáveis, dependem da idade, do nível intelectual e da capacidade linguística do indivíduo, assim como outros fatores, como história de tratamento e apoio atual.

De acordo com o DSM-5, essas crianças mesmo com o desenvolvimento de estratégias compensatórias ainda enfrentam dificuldades em situações novas e sem apoio, sofrendo com o esforço e a ansiedade. Muitos indivíduos com TEA apresentam comprometimento intelectual e/ou da linguagem (atraso na fala, compreensão da linguagem aquém da produção). Mesmo aqueles com nível intelectual médio ou alto apresentam um perfil irregular de capacidades. A discrepância entre habilidades funcionais adaptativas e intelectuais costuma ser grandes. Déficits motores estão frequentemente presentes, incluindo marcha atípica, falta de coordenação e outros sinais motores anormais (caminhar na ponta dos pés).

A criança e o adolescente com TEA podem apresentar comorbidades como comprometimento intelectual e transtorno estrutural da linguagem, ou seja, incapacidade de compreender e construir frases gramaticalmente corretas. Muitos indivíduos com TEA também apresentam sintomas psiquiátricos que não fazem parte dos critérios diagnósticos para o transtorno, como transtorno desafiador opositor ou episódios psicóticos[1].

De acordo com o DSM-5[1], as consequências funcionais do TEA referem-se aos prejuízos nas habilidades sociais e de comunicação e podem ser um impedimento à aprendizagem, especialmente aquelas que ocorrem por meio da interação social ou em contextos com seus colegas. Dificuldades para planejar, organizar e enfrentar situações de mudanças ambientais ou na rotina podem causar impacto negativo no sucesso acadêmico, mesmo para alunos com inteligência acima da média. Indivíduos com TEA, mesmo sem deficiência intelectual, tendem a apresentar funcionamento psicossocial insatisfatório na idade adulta.

Como mencionado, os níveis de gravidade, de acordo com o DSM-5[1] são:

- Nível 3 – "exigindo apoio muito substancial". Déficit grave nas habilidades de comunicação social verbal e não verbal, o que causa prejuízos graves de funcionamento. Pessoa com fala inteligível de poucas palavras que raramente inicia as interações e, quando o faz, tem abordagem incomum apenas para satisfazer as necessidades e reage somente a abordagens sociais muito diretas. Em comportamentos restritos e repetitivos apresenta inflexibilidade de comportamento e extrema dificuldade em lidar com a mudança ou outros comportamentos restritos/repetitivos interferem no funcionamento em todas as esferas.
- Nível 2 – "exigindo apoio substancial". Déficit grave nas habilidades de comunicação social verbal e não verbal; prejuízos sociais aparentes mesmo na presença de apoio. Pessoa que fala frases simples, cuja interação se limita a interesses especiais reduzidos e que apresenta comunicação não verbal acentualmente estranha. Em comportamentos restritos/repetitivos apresenta inflexibilidade de comportamento, dificuldade de lidar com a mudança ou outros comportamentos restritivos/repetitivos aparecem com frequência suficiente para serem óbvios ao observador casual e interferem no funcionamento em uma variedade de contextos.
- Nível 1 – "exigindo apoio". Na ausência de apoio, déficit na comunicação social causa prejuízos notáveis. Dificuldade para iniciar interações sociais e exemplo claro de respostas atípicas ou sem sucesso a aberturas sociais dos outros. Pessoas que conseguem falar frases completas e

envolver-se na comunicação, embora apresentem falhas na conversação com os outros e cujas tentativas de fazer amizades são estranhas e comumente malsucedidas. Em comportamentos restritos e repetitivos apresentam inflexibilidade de comportamento que causa interferências significativas no funcionamento em um ou mais contextos. Dificuldade em trocar de atividade. Problemas para organização e planejamento são obstáculos à independência.

Enfim, em decorrência do transtorno, os pacientes com TEA apresentam dificuldades com a coordenação motora e com a compreensão de linguagem simbólica, isolamento social, mudanças de rotina e adequação do comportamento à leitura ambiental. Frente a essas dificuldades surge a necessidade educacional de adequação da metodologia de ensino que deve ser apropriada ao nível cognitivo e comportamental da criança.

Segundo os estudos de Kandel et al.[2], pacientes diagnosticados com TEA tendem a ter comprometimento nas funções encefálicas altamente sofisticadas em seres humanos (funções executivas), o que justificaria os prejuízos na interação social, na comunicação verbal e não verbal, e os interesses a comportamentos estereotipados. Da mesma forma Rocca et al.[3] referem que esses déficits estão relacionados a deficiências na teoria da mente, na cognição social e no comprometimento social, interferindo assim na qualidade de vida desses pacientes.

O TEA resulta de combinações genéticas e ambientais. As comorbidades na criança com TEA podem aparecer conforme o seu desenvolvimento e a sua interação ambiental em qualquer etapa da vida. Algumas podem persistir na vida adulta. As comorbidades mais comuns são: transtorno de déficit de atenção/hiperatividade, tiques, síndrome de Tourette, transtorno obsessivo-compulsivo (TOC), esquizofrenia, transtorno de ansiedade, transtorno opositor desafiador, transtorno de conduta, distúrbio alimentar, psicose, enurese, encoprese, distúrbio do sono e síndrome de estresse pós-traumático entre outros.

Frente às dificuldades observadas em pacientes com TEA, torna-se fundamental a atuação e o envolvimento de uma equipe multidisciplinar em parceria com a escola e família para a estimulação das habilidades cognitivas e socioemocionais que comprometem o aprendizado e a vida social em vários contextos.

Segundo estudos apontados por Kandel et al.[2], o TEA aparece mais em meninos do que em meninas, chegando à proporção 4:1 e podendo atingir 8:1

nos casos de autismo sem deficiência intelectual. Os bebês após o nascimento não apresentam comportamentos atípicos comparados às crianças típicas. Começam a aparecer diferenças em seu desenvolvimento por volta dos primeiros anos de vida, como por exemplo a falta de reconhecimento do seu nome quando chamado. Outros sinais comuns são o uso repetitivo de objetos, girando-o com uma exploração visual incomum e o andar nas pontas dos pés.

Ainda segundo Kandel et al.[2] e Donovan[4], o TEA não é resultado de mutação em um único gene, mas sim variação de muitos genes, dando origem a um padrão complexo de herança. É provável que os genes não sejam o mesmo em todos os indivíduos. Essa heterogeneidade dificulta identificar o gene específico. Alterações consistentes no tamanho e no curso temporal do desenvolvimento de determinadas regiões encefálicas são também descritas. Alterações corticais situadas no lobo temporal medial, como amígdala e o hipocampo, e o corpo caloso também são destacadas como mostra a Figura 1.

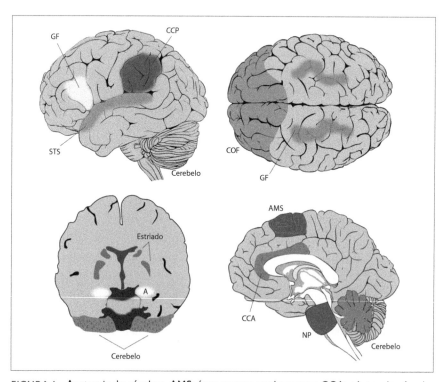

FIGURA 1 Anatomia do cérebro. AMS: área motora suplementar; CCA: córtex do cíngulo anterior; CCP: córtex do giro do cíngulo posterior; COF: córtex orbitofrontal; GF: giro frontal; NP: núcleo pontino; STS: sulco temporal superior. Fonte: Kandel et al., 2014[2].

Essas alterações comumente observadas referem-se a áreas comumente relacionadas à linguagem e à interação social. Os prejuízos sociais incluem córtex orbitofrontal, córtex cingular anterior e a amígdala. O sulco temporal superior tem sido relacionado com a mediação da percepção de um ser vivo em movimento e com a fixação do olhar. A compreensão e a expressão envolvem várias regiões, incluindo a região frontal inferior, o corpo estriado e áreas subcorticais, como os núcleos pontinos e o estriado. Uma série de estudos indicam que o cerebelo pode estar envolvido na patologia do autismo com comprometimento em área motora suplementar e no córtex parietal posterior[2].

Diferenças também são observadas com relação à substância branca quando comparadas com indivíduos neurotípicos. Essas alterações são atribuídas a alterações em fases iniciais do desenvolvimento. Enfim, a patologia do autismo pode ser o curso temporal do desenvolvimento da estrutura e da conectividade do encéfalo[4].

A criança com diagnóstico de TEA apresenta uma disfunção nas áreas de planejamento e flexibilidade no comportamento na vida cotidiana, não sabendo lidar com mudanças. Isso é um reflexo das falhas nas funções executivas.

Dificuldade importantes também são observadas para a leitura das emoções (reconhecimento das próprias e dos outros). Reconhecer emoções em si e nos outros, regular emoções fortes, positivas ou negativas, comprovadamente melhora a aprendizagem e o processo de regulação da emoção, e suaviza a transição de estados emocionais[5].

Também sabemos da importância da percepção visual e auditiva para a aprendizagem, pois permitem interpretar e dar significado para aquilo que se vê, reconhecendo e integrando estímulos visuais. O processo de aprendizagem pode ficar comprometido em quem tem dificuldades ou falhas no processamento visual, reduzindo a capacidade de processar a informação. Na escola, essa habilidade é fundamental na aquisição de conhecimentos; a noção de espacialidade é processada no lobo parietal, assim como as características das formas, o movimento e as cores no lobo temporal, o que, segundo estudos, faz com que a criança com TEA apresente um comprometimento importante.

No processamento visuoespacial a criança precisa ter uma percepção da posição do objeto no espaço, pois quando apresenta uma falha nesse processo compromete a profundidade e a espacialidade de um objeto no ambiente e em relação a si mesmo e, no processo de alfabetização, ela pode apresentar escritas espelhadas e trocas de letras visualmente semelhantes. Dificuldades visomoto-

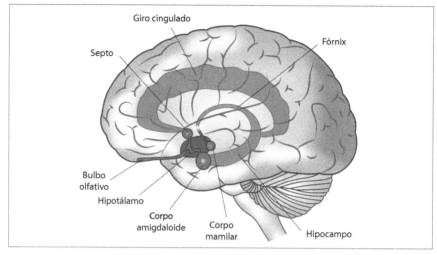

FIGURA 2   Processamento visuoespacial.

ras podem trazer comprometimento em orientar-se no espaço e na interação com outras pessoas e objetos.

Os déficits na comunicação social nas crianças com autismo podem estar relacionados também à disfunção na amígdala, no hipocampo e em estruturas límbicas e corticais relacionadas, incluindo as demais estruturas cerebrais alteradas, como o hipocampo, o cerebelo, a amígdala, o corpo caloso e o cíngulo[6].

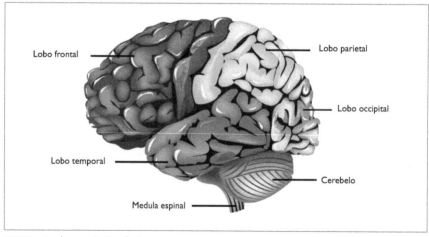

FIGURA 3   Anatomia do cérebro.

Diferenças localizadas também no lobo temporal foram encontradas em indivíduos com TEA, ocasionando dificuldades na percepção de estímulos sociais como a face, por exemplo, e a cognição social (direção do olhar, expressões gestuais e faciais de emoção)[6].

É importante refletir que a criança com autismo pode ter muito potencial. É necessário que os pontos de habilidades possam ser estimulados apesar das suas limitações.

MATEMÁTICA NA VIDA DE CRIANÇAS E ADOLESCENTES COM TRANSTORNO DO ESPECTRO AUTISTA

Os números estão presentes a todo momento em nosso cotidiano, fazendo parte da nossa vida. Portanto, a matemática é uma habilidade básica do cérebro humano. Crianças e adolescentes com TEA convivem frequentemente com a aritmética seja na escola ou em outros ambientes sociais. Ao desenvolver essas habilidades o processamento matemático envolve uma série de funções cognitivas complexas. Por exemplo, a realização de uma operação matemática envolve: atenção seletiva, memória de trabalho, planejamento, dentre outras habilidades cognitivas; portanto, não se pode pensar de modo isolado ou fragmentado nas funções executivas, que são essenciais para o desenvolvimento do processo da aprendizagem.

O centro das funções executivas do nosso cérebro é o lobo frontal, que compreende o córtex pré-frontal dividido em dorsolateral e orbitofrontal.

O córtex pré-frontal dorsolateral[7] é responsável por habilidades como a de tomada de decisão, planejamento, estabelecimento de metas, solução de pro-

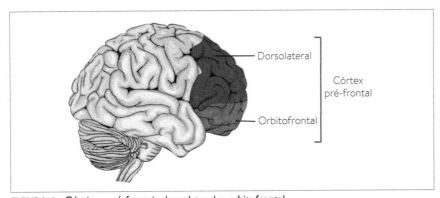

FIGURA 4   Córtices pré-frontais dorsolateral e orbitofrontal.

blema, flexibilidade cognitiva, monitoração da aprendizagem, autorregulação, atenção voluntária e memória de operacional. As regiões pré-frontais orbitofrontais possuem conexões com áreas de processamento cognitivo e emocional, como o sistema límbico. Essas conexões são responsáveis por habilidades como empatia, controle inibitório, cumprimento de regras sociais, automonitoramento, recompensa e avaliação do significado motivacional do estímulo, gerando um reforço do comportamento.

Crianças e adolescentes com TEA apresentam disfunções executivas decorrentes de falhas ou atraso nas funções executivas que estão presentes no TEA, podendo ocasionar[8]:

- Rebaixamento atencional.
- Pobre tomada de decisão.
- Comportamento perseverante ou estereotipado.
- Comprometimento da atenção sustentada.
- Dificuldade em iniciar tarefas.
- Dificuldade de alternar ou lidar concomitantemente com distintas tarefas que variam em grau de relevância e prioridade.
- Déficits no controle de impulsos e impaciência.
- Dificuldades na seleção de informação, e na inibição e na mudança de respostas.
- Déficits também na atenção compartilhada.
- Irritabilidade.
- Excessiva rigidez comportamental.
- Apatia.
- Prejuízo na capacidade atencional na motivação, na memória e no planejamento e na execução de uma tarefa.
- Dificuldades na antecipação das consequências de seu comportamento, no estabelecimento de novos repertórios comportamentais, entre outros.

Os avanços das neurociências comprovam que o cérebro é plástico, o que significa que ele se desenvolve e muda ao longo da vida9. Esse conhecimento só veio à tona na década de 1990, pois antes havia a crença de que as conexões entre os neurônios (sinapses) formados na infância permaneciam inalteradas pelo resto da vida[10].

Portanto, graças a esses avanços, hoje nós podemos compreender como o cérebro aprende, a importância de se trabalhar os multissensoriais, ter ciência do comprometimento das funções executivas e que o funcionamento diferenciado de cada criança e adolesceste com TEA é importante para o processo de ensino e aprendizagem.

Para que ocorra um bom desenvolvimento das habilidades matemáticas com crianças e adolescentes com TEA, é de grande importância que os profissionais trabalhem os conceitos matemáticos básicos de forma lúdica, prazerosa e ligados à vida social e afetiva, por causa das características citadas e suas comorbidades cognitivas.

Valorizar e observar o que é importante e prazeroso para essas crianças e adolescentes no seu dia a dia com a matemática ajudará a reconhecer o seu potencial e suas habilidades já existente e, por meio desse potencial, ajudará no planejamento de estratégias para desenvolver novas habilidades durante as intervenções.

As habilidades matemáticas, se apresentadas de forma lúdica para crianças e adolescentes com autismo, envolve o manuseio dos materiais e o estímulo de vários sentidos, o que é muito importante nessa construção de habilidades cognitivas numéricas. Essa estimulação ajuda também a compreender melhor os conceitos matemáticos, já que umas de suas dificuldades é o abstrato. Desenvolvem também outras habilidades como as sensoriais e as motoras, possibilitando assim a construção de uma ideia mais completa, complexa e potencialmente mais duradoura da experiência. Ao trabalhar recursos multissensoriais, aumentamos as chances de consolidar as memórias de longo prazo.

Para Adkins e Larkey[11], os conceitos de base das competências matemáticas, como o conceito de número, devem ser generalizados e não ficarem restritos ao contexto de sala de aula ou do atendimento educacional especializado. Portanto, a importância de desenvolver habilidades de matemática funcional, que faça parte do cotidiano dessas crianças e adolescentes, são habilidades para a vida, por exemplo: cozinhar, saber utilizar o dinheiro, entender o que é parcelar ou pagar à vista, quando utilizar cartão de crédito, situar-se no tempo, ou seja, saber administrar todas as tarefas diárias se tornando independente e com autonomia.

INSTRUÇÕES PARA A UTILIZAÇÃO DO MATERIAL

Esse material foi elaborado para profissionais da saúde e educação com o intuito de facilitar a aprendizagem da matemática, por meio de atividades lúdicas para crianças e adolescentes com TEA atingindo a idade de 6 a 14 anos dos anos iniciais até o ensino fundamental II, o que não implicará o profissional utilizar com adolescentes maiores que 14 anos.

O material está dividido em 12 sessões, com material complementar para as atividades propostas. Terminadas, as 12 sessões podem ser repetidas quantas vezes o profissional julgar necessário.

Os *slides* coloridos (pranchas) em formato PDF para uso nas sessões de atendimento estão disponíveis em uma plataforma digital exclusiva (manoleeducacao.com.br/conteudo-complementar/saude).

Para ingressar no ambiente virtual, utilize o *QR code* abaixo, digite a senha/*voucher* RESULTADO (é importante digitar a senha com letras maiúsculas) e faça seu cadastro.

O prazo para acesso a esse material limita-se à vigência desta edição.

SESSÕES

SESSÃO I – CONCEITO DE ADIÇÃO E SUBTRAÇÃO

Objetivo
Desenvolver as habilidades do conceito de adição e subtração e a assimilação do número com a quantidade, centena, dezena e unidade.

Material
- Dominó, ábaco, sinais de subtração, adição, igual.
- Produção de material dourado em imã (modelo no *slide* 1.1).
- Reta numérica para compreensão dos processos da adição e subtração (*slides* 1.5 e 1.6).

Atividade

Junto com o profissional e com os seus comandos, a criança e o adolescente irão construir o conceito de adição e subtração e a assimilação do número com a quantidade utilizando os materiais (dominó, material dourado ou ábaco) para resolver as questões propostas pelo profissional. Ao finalizar, esse conceito a criança representará por meio de símbolos numéricos a operação realizada.

Ver *slide* 1.1.

A unidade, dezena e centena

Com o material (*slides* 1.2 a 1.4), desenvolverão o princípio do agrupamento e reagrupamento do sistema de numeração decimal. Esse material quadriculado, representando unidade, dezena e centena, facilitará a resolução de soma e subtração, por ser um material mais prático e objetivo.

FIGURA 5   9 − 6 = 3 (slide 1.1).

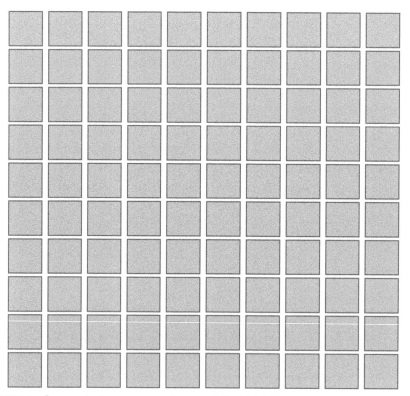

FIGURA 6   Cem quadrados representando as unidades (slide 1.2).

SESSÃO I — CONCEITO DE ADIÇÃO E SUBTRAÇÃO 21

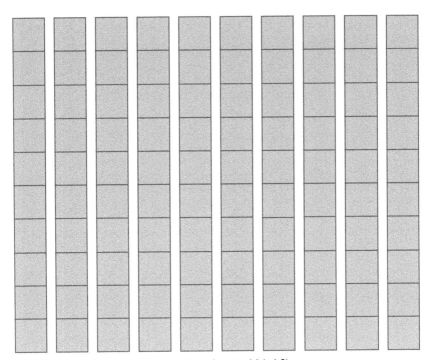

FIGURA 7 Dez retângulos representando as dezenas (slide 1.3).

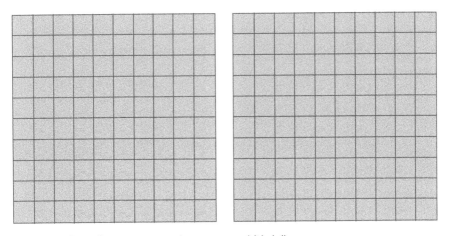

FIGURA 8 Duas placas representando as centenas (slide 1.4).

SESSÃO 2 – DECOMPOSIÇÃO

Objetivo
Desenvolver as habilidades de compor e decompor números até centena e perceber o valor posicional dos números.

Material
- Copos descartáveis.
- Sinais de adição (+) e igualdade (=).

Atividade

Para compor e decompor números, serão utilizados copos e os sinais de "+" e "=". O profissional pedirá para a criança e o adolescente decomporem o número que está escrito nos copos. Cada copo terá dentro dele outros copos indicando a decomposição de cada número de acordo com sua posição. Por exemplo: 34 = 10 + 10 + 10 + 1 + 1 + 1 + 1. Dentro desse copo ficarão mais 4 copos, cada um escrito o número 1. Ele representa a casa das unidades. Dentro desse copo ficarão mais 3 copos, cada um escrito o número 10. Ele representa a casa das dezenas.

Ver *slides* 2.1 e 2.2.

FIGURA 9   Decomposição do número escrito nos copos (*slides* 2.1 e 2.2).

SESSÃO 3 – CONCEITO DE ADIÇÃO E MULTIPLICAÇÃO

Objetivo
Desenvolver as habilidades do conceito de adição e multiplicação e perceber que a multiplicação é a soma de parcelas iguais.

Material
- Tampinhas coloridas.
- Massinhas.
- Sinais de adição, multiplicação e igualdade.
- Baralho de cartas com quantidade e número (*slide* 3.1).

Atividade

Com a utilização do material será possível a criança e o adolescente assimilarem que a soma de parcelas iguais é uma multiplicação e que esse raciocínio pode levar a criança e o adolescente a compreender a tabuada.

Observação: esse material pode ser utilizado para trabalhar o conceito de potência.

Ver *slides* 3.2 e 3.3.

Utilizando as tampinhas (*slide* 3.4), podem fazer a adição do número indicado pelo profissional e confeccionar com a massinha os números e representar a multiplicação.

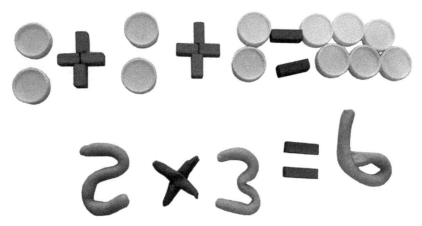

FIGURA 10 Exemplo de atividade com as tampinhas (*slide* 3.4).

SESSÃO 4 – CONCEITO DE DIVISÃO

Objetivo
Desenvolver as habilidades do conceito de divisão em partes iguais.

Material
- Materiais de interesse de crianças e adolescentes como: carrinho, peças de encaixe, bonequinhos e *slides* da Sessão 4.

Atividade

Com objetos de interesse da criança, o profissional irá trabalhar o conceito de divisão e depois registrar o problema e a resolução em uma folha quadriculada.

Ver *slides* 4.1 e 4.2.

FIGURA 11 Conceito de divisão com objetos de interesse da criança (*slide* 4.2).

SESSÃO 5 – CONCEITO DE PARÊNTESES EM UMA EQUAÇÃO NUMÉRICA

Objetivo
Desenvolver as habilidades do conceito e assimilar as regras das expressões numéricas.

Material
- Figuras de vários alimentos (verduras, legumes, carnes, arroz e feijão).
- Um prato descartável com a imagem dos alimentos representando a fração e sinais de +, – e = (*slides* da Sessão 5).

Atividade

- Coloque todas as cartas uma ao lado da outra separando cada carta com o sinal de mais (+), formando assim uma sequência de cartas na horizontal.
- Quando acabar de colocar todas as cartas, coloque então por último o sinal de igualdade (=).
- Separe as cartas que contêm verduras e legumes entre parênteses.
- Separe as cartas que contêm carnes entre outros parênteses.
- As cartas do arroz e do feijão ficam na sequência das cartas, mas fora dos parênteses.
- Em seguida, pedir à criança para escolher:

1 verdura + 1 legume + 1 carne + feijão + arroz = 1 refeição

- Para cada carta que a criança não escolher troque o sinal de adição que está ao seu lado esquerdo pelo o sinal de subtração e em seguida retire todas as cartas que estão com sinal de subtração, ficando assim só com as cartas que representam a refeição que a criança escolheu. Em seguida, ela irá colocar as cartas em cada posição indicada no prato.

Ver *slides* 5.1, 5.2 e 5.3.

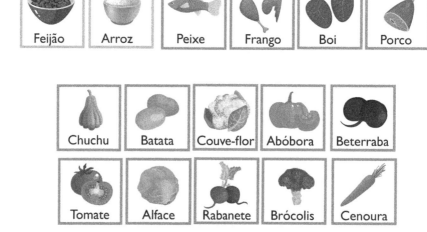

FIGURA 12 Exemplos de figuras de alimentos (*slide* 5.2).

SESSÃO 5 — CONCEITO DE PARÊNTESES EM UMA EQUAÇÃO NUMÉRICA   31

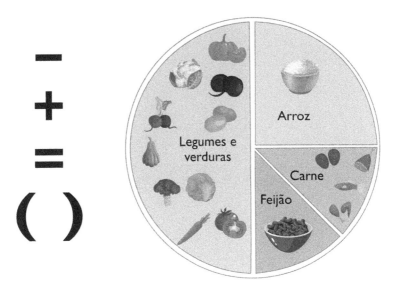

FIGURA 13   Sinais e prato com as figuras dos alimentos (slide 5.3).

SESSÃO 6 – CONCEITO DE IGUALDADE

Objetivo
Desenvolver as habilidades do conceito de igualdade por meio do equilíbrio da balança.

Material
- Uma balança com dois pratos para obter o equilíbrio e que dê para trabalhar igualdade.

Atividade

As crianças devem distribuir a quantidade indicada pelo profissional para manter o equilíbrio na balança e assim representar a igualdade, sendo possível entender de quantos objetos elas precisam para obter o equilíbrio.

Ver *slide* 6.1.

SESSÃO 7 – CONCEITO DE FRAÇÃO

Objetivo
Desenvolver as habilidades do conceito de fração como parte da divisão de um inteiro e reconhecer a fração em situações no dia a dia.

Material
- Papel cartão colorido ou cartolina, material dos *slides* da Sessão 7.

Atividade

Ver *slide* 7.1.

O material contém várias peças, sendo uma delas um círculo verde, que representa a fração inteira. As outras peças estão divididas em vários tamanhos e cores. Ao juntar as peças de mesma cor, forma-se um inteiro. Montando essas peças a criança vai aprendendo o conceito de fração e as várias formas em que se pode dividir um inteiro (1/2, 1/3, 1/4, 1/5, 1/6, 1/7, 1/8, 1/9 e 1/10). Pode ser trabalhado também em forma retangular. Com esse material o profissional pode trabalhar de várias formas o conteúdo de fração.

Observação: as peças também podem ser utilizadas para trabalhar a medida dos ângulos em uma circunferência (*slide* 7.2) ou fração retangular (*slide* 7.3).

FIGURA 14 Fração em situações no dia a dia (slide 7.1).

SESSÃO 8 – RETA NUMÉRICA E NÚMERO DECIMAL

Objetivo
Desenvolver as habilidades do conceito dos números decimais e a ordenação dos números naturais e decimais.

Material
- Régua, cartolina, caneta.
- Objetos de interesse da criança e do adolescente para fazer medidas (*slide* 8.1).
- Organizar um mercadinho (*slide* 8.3) para simular venda e compra utilizando cédulas e moedas dos *slides* 8.4 a 8.9).

Atividade

Apresentar a régua para a criança e o adolescente e juntos discutirem para que servem e o que se pode medir com essa régua. Depois pedir à criança que observe o que contém esntre um número e outro da régua, ou seja, que tem vários traços menores e que são 10 traços.

Em seguida, o profissional pega uma cartolina e desenha os 10 traços (modelo no *slide* 8.2) e trabalha a divisão desses traços e o valor de cada um. Com esse material poderá ser trabalhado o conceito de números decimais. Mostrar que no dia a dia trabalha-se a todo momento com os números decimais quando se utiliza o dinheiro. Citar exemplos dos encartes com o preço, nos mercados, nas feiras, entre outros.

SESSÃO 9 – MEDIDAS (COMPRIMENTO, CAPACIDADE E MASSA)

Objetivo
Desenvolver as habilidades do conceito de medidas, comprimento, capacidade e massa.

Material
- Régua, metro, fita métrica, trena e barbante.
- Embalagens de alimentos (medidas em litro e grama).
- Fichas e retas dos *slides* 9.7 a 9.12.
- Tabela do *slide* 9.13, que pode ser usada para comprimento, massa e volume (alterar os nomes das unidades de medida). A vírgula fica sempre na casa da medida que acompanha o final do número.
- Exemplo: converter 6,5 quilômetros em metros.

Atividade

Por se tratar de um conteúdo concreto e muito presente no dia a dia, o profissional deve apresentar para a criança ou adolescente os instrumentos de medidas (régua, fita métrica, metro e trena) através de figuras mesmo. Caso não tenha esses instrumentos disponíveis, o ideal é que tenha pelo menos um. Explicar para que servem cada um desses instrumentos.

O profissional deve utilizar um dos instrumentos e junto com a criança ou adolescente medir um metro de barbante e cortar.

Com esse barbante, pedir à criança ou o adolescente para que ele faça algumas medidas, de preferência medidas de objetos pequenos e grandes (p. ex., medir a altura da criança, do adolescente e do profissional).

Em seguida pedir à criança ou o adolescente que faça uma observação:

- Comprimento menor do que 1 metro.
- Comprimento maior do que 1 metro.
- Comprimento quase igual a 1 metro.
- Comprimento com mais de 1 metro e menos de 2 metros.

O objetivo é que ele entenda o conceito de medidas de comprimento e que existem vários instrumentos.

Apresentar à criança ou o adolescente que há medidas diferentes para líquido e sólido. Depois pedir para que eles encontrem nas embalagens as medidas que são: medidas de quilogramas e as que são medidas de litros (*slides* 9.1 a 9.6).

SESSÃO 10 – TEMPO
(HORA, MINUTO, DIA, MÊS E ANO)

Objetivo
Desenvolver as habilidades do conceito de minuto, hora, dia, semana, mês e ano, ter noção de tempo.

Material
- Papel cartão, cartolina.
- Calendário.

Atividade

Apresentar o relógio para a criança ou o adolescente e explicar o objetivo de cada ponteiro do relógio, hora e minuto. Contar junto com eles os tracinhos do relógio, para que entendam por que 5, 10, 15 e até completar 60 minutos. Trabalhar com a criança que 60 minutos correspondem a 1 hora.
Ver *slide* 10.1.

Apresentar em seguida o calendário para a criança e trabalhar o dia, o mês e o ano.
Ver *slide* 10.2.

SESSÃO 11 – FIGURAS GEOMÉTRICAS PLANAS E ESPACIAIS

Objetivo
Desenvolver habilidades de nomear as figuras geométricas e reconhecê-las observando o meio em que vive.

Material
- Papel cartão colorido ou cartolina.
- Material dos *slides* da Sessão 11.

Atividade

Apresentar para a criança ou o adolescente uma figura geométrica de cada vez e dizer o nome de cada uma delas, deixando-os ter contato com as diversas formas geométricas. Fazer uma brincadeira, pedir à criança ou o adolescente para deixar todas as figuras em cima da mesa e, de acordo com o nome da figura geométrica que o profissional disser, a criança ou o adolescente tem que levantar a figura correspondente. Repetir quantas vezes for necessário para que ocorra uma assimilação significativa. Em seguida, conversar com a criança ou o adolescente pedindo para que ele observe o meio em que vive e reconheça alguma forma geométrica.

Ver *slides* 11.1 a 11.5.

SESSÃO 12 – EQUAÇÃO DE PRIMEIRO GRAU COM UMA INCÓGNITA

Objetivo
Desenvolver as habilidades do conceito da equação do 1º grau, reconhecer linguagens algébricas e introduzir o conceito dos estudos dos sinais.

Material
- Copo descartável.
- Caneta permanente.
- Sinais de +, – e =.

Atividade

Levar a criança a entender de onde surge o X.

Marcar nos copos os números, sinais e a incógnita com a caneta permanente para que a criança ou o adolescente possa montar a equação solicitada pelo profissional. Após resolver a equação com o material, deverão registrar na folha a operação.

O sinal de + e – devem ser escritos no mesmo copo, pois quando um número está no 1º membro da equação e passa para o 2º membro e ele é um número positivo, passa a ser negativo e vice-versa. Sendo escrito no mesmo copo o profissional vai instruir a criança ou o adolescente a virar o copo quando ele trocar de posição do 1º membro para o 2º membro. Por exemplo: + vira – ou – vira + quando se passa o copo pelo sinal de =.

Ver *slide* 12.1.

FIGURA 15 Equação de primeiro grau (slide 12.1).

REFERÊNCIAS BIBLIOGRÁFICAS

1. American Psychiatric Association. Manual diagnóstico e estatístico de transtorno mentais: DSM-5. Tradução: Maria Inês Corrêa Nascimento, et al. 5. ed. - Porto Alegre: Artmed, 2014.
2. Kandel ER, Schwartz JH, Jessell T (eds.). Princípios da neurociência, 5.ed. Tradução: Ana Lúcia Severo Rodrigues, et al.; revisão técnica: Carla Dalmaz, Jorge Alberto Quillfeldt. Porto Alegre: Artmed; 2014.
3. Rocca CCA, Pantano T, Serafim AP, Gonçalves PD. Principais técnicas para estimular as funções executivas. In: Serafim AP, Rocca CCA, Gonçalves PD, organizadores. Intervenção neuropsicológicas em saúde mental. 1. ed. Barueri: Manole; 2020. p.59-74.
4. Donovan APA, Basson MA The neuroanatomy of autism - a developmental perspective. J Anat. 2017;230(1):4-15.
5. Rotta NT, Ohlweiler NT, Riesgo RS (orgs.). Transtornos de aprendizagem: abordagem neurobiológica e multidisciplinar, 2. ed. Porto Alegre: Artmed; 2016.
6. Zilbovicius M, Meresse I, Boddaert N. Autismo: neuroimagem, 2006. Rev Bras Psiquiatr. 2006;28(Supl I):S21-8.
7. Malloy-Diniz LF, de Paula JJ, Sedó M, Fuentes D, Leite WB. Neuropsicologia das funções executivas e atenção. In: Fuentes D, Malloy-Diniz LF, Camargo CHP, Cosenza RM (orgs). Neuropsicologia: teoria e Prática, 2.ed. Porto Alegre: Artmed; 2014. p.115-38.
8. Czermainski FR. Avaliação neuropsicológica das funções executivas no transtorno do espectro do autismo. Universidade Federal do Rio Grande do Sul, 2012.
9. Relvas MP. Neurociência e educação? Potencialidade dos gêneros humanos na sala de aula. Rio de Janeiro: Wark; 2009.
10. Almeida GP. Plasticidade cerebral e aprendizagem. In: Relvas MP (org.). Que cérebro é esse que chegou à escola?: as bases neurocientíficas da aprendizagem. Rio de Janeiro: Wark; 2012.
11. Adkins J, Larkey, S. Pratical mathematics for children with na autism spectrum disorder and other developmental delays. Foreword by Tony Atlwood. Philadelphia: Jessica Kingsley; 2013.
12. Orrú ES. Aprendizes com autismo: aprendizagem por eixos interesses em espaços não excludentes. Petrópolis: Vozes; 2016.
13. Pantano T, Rocca CCA. Como se estuda? Como se aprende? Um guia para pais, professores e alunos, considerando os princípios das neurociências. São José dos Campos: Pulso Editorial; 2015.
14. Pereira RP (org.). Abordagem multidisciplinar da aprendizagem. Lisboa: Qual Consoante; 2015.

ÍNDICE REMISSIVO

A

Ábaco 19
Adição 25
Amígdala 6
Anatomia do cérebro 6
Ansiedade 3
Atenção
 compartilhada 12
 seletiva 11
 sustentada 12

B

Barbante 39

C

Calendário 41
Capacidade 39
 atencional na motivação 12
 linguística 3
Cédulas 37
Centena 19
Comorbidades 5
Competências matemáticas 13
Comportamento perseverante ou estereotipado 12
Compreensão de linguagem simbólica 5
Comprimento 39
Conceito de adição e subtração 19
Controle de impulsos 12
Coordenação motora 5

D

Decomposição de números 23
Deficiência intelectual 4, 6
Déficit
 grave nas habilidades de comunicação social 4
 na comunicação social nas crianças com autismo 8
 verbal 3
Dezena 19
Diagnóstico 3
Dinheiro 37
Distúrbio
 alimentar 5
 do sono 5
Divisão
 de um inteiro 35
 em partes iguais 27
Dominó 19

E

Encoprese 5
Enurese 5
Episódios psicóticos 4
Equação de primeiro grau com uma incógnita 45
Equilíbrio 33
Esforço 3
Esquizofrenia 5
Estimulação da matemática 1
Execução de uma tarefa 12
Expressões numéricas 29

F

Figuras geométricas 43
Fita métrica 39
Flexibilidade 7
Fração 35
Funcionamento cerebral 1
Funções executivas 5

H

Habilidades
  matemáticas 13
  sociais e de comunicação 4
Hipocampo 6

I

Igualdade 33
Impaciência 12
Iniciar tarefas 12
Instrumentos de medidas 39
Inteligência acima da média 4
Interação social 3, 7
Isolamento social 5

L

Linguagem 3, 7

M

Massa 39
Matemática na vida de crianças e adolescentes com transtorno do espectro autista 11
Medidas 39
  de comprimento 40
Memória 12
  de trabalho 11
Moedas 37
Multiplicação 25

N

Níveis de gravidade 4
Números decimais 37

O

Objetivo 1
Operação 19
Ordenação dos números 37

P

Padrões restritos e repetitivos de comportamento 3
Percepção visual e auditiva 7
Planejamento 7, 11, 12
Potência 25
Prejuízos na comunicação social 3
Processamento visuoespacial 7
Psicose 5

Q

Quantidade 19

R

Realização de uma operação matemática 11
Régua 39
Relógio 41
Reta numérica 37
Rigidez comportamental 12

S

Símbolos numéricos 19
Síndrome
  de estresse pós-traumático 5
  de Tourette 5
Sintomas 3
Sistema de numeração decimal 19
Soma de parcelas 25

T

Tabuada 25
Tempo 41
Tiques 5
Tomada de decisão 12
Transtorno
  de ansiedade 5
  de conduta 5
  de déficit de atenção/hiperatividade 5
  do espectro autista 3
  obsessivo-compulsivo 5
  opositor desafiador 5
Trena 39

U

Unidade 19

SLIDES

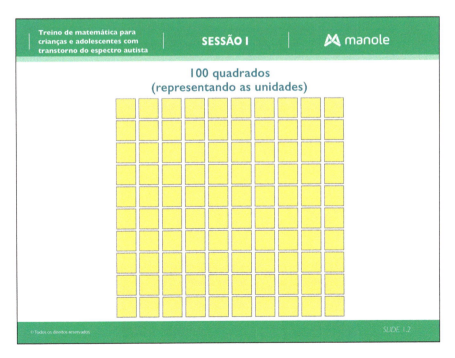

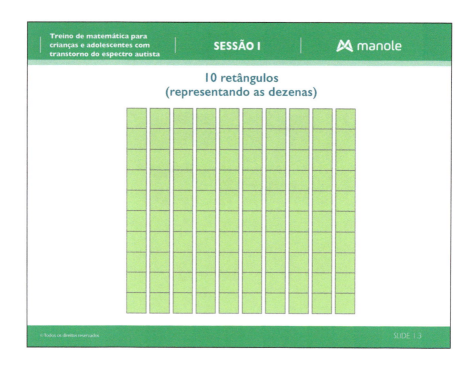

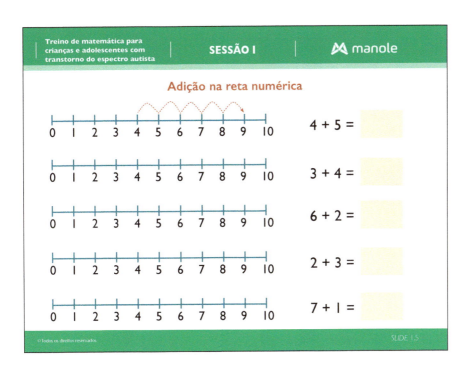
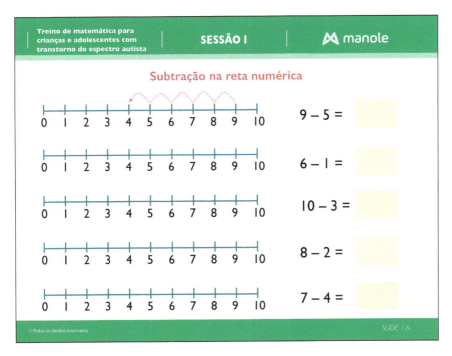

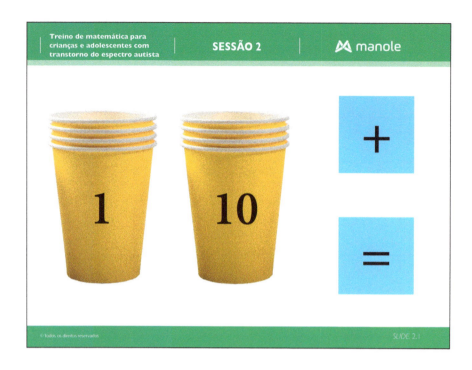

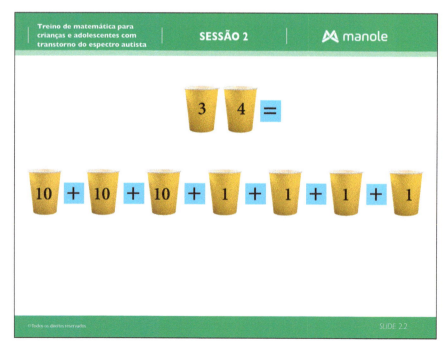

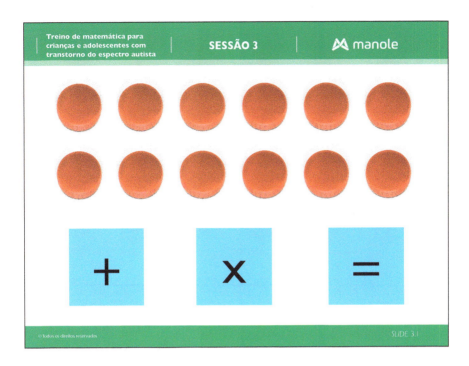

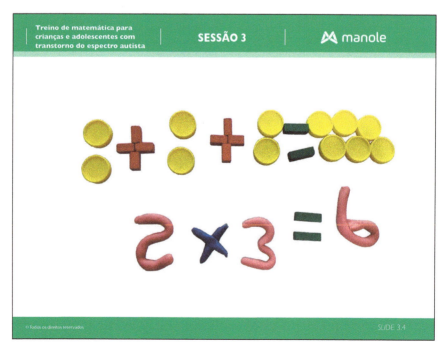

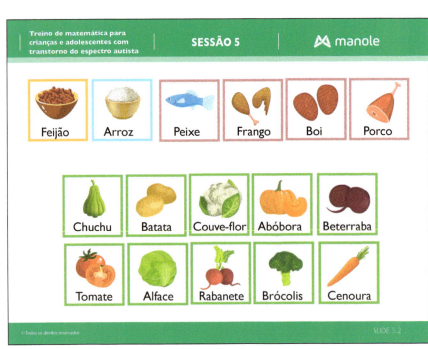

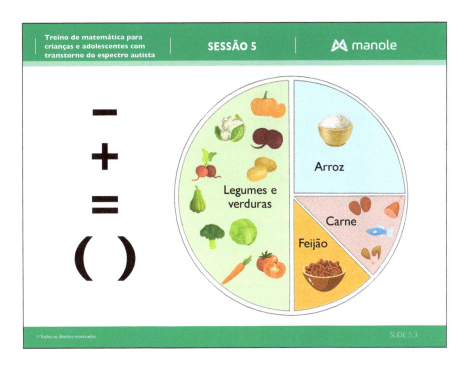

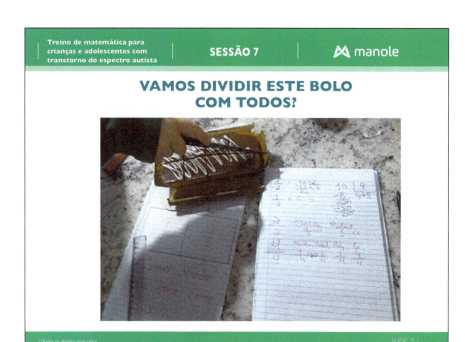

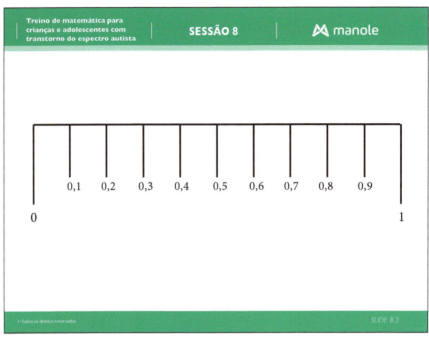

FITA MÉTRICA

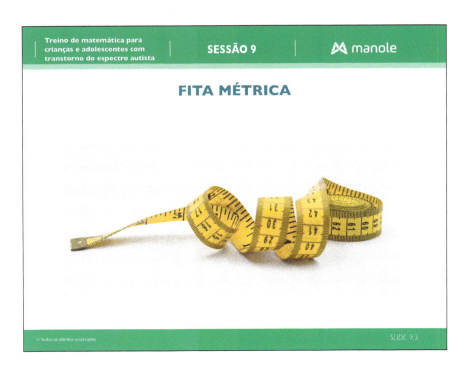

METRO

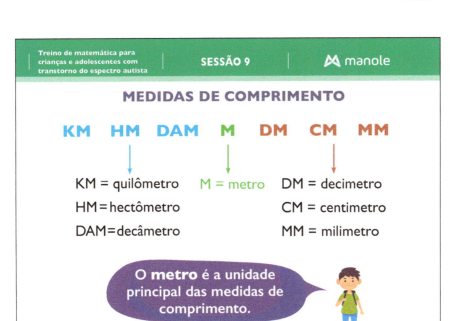

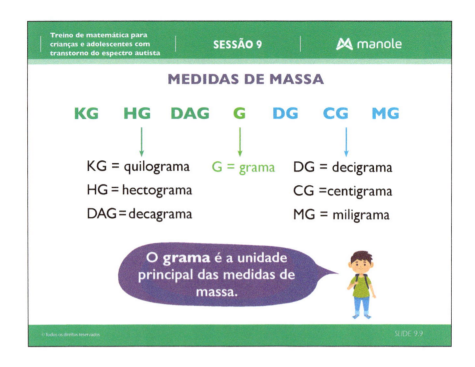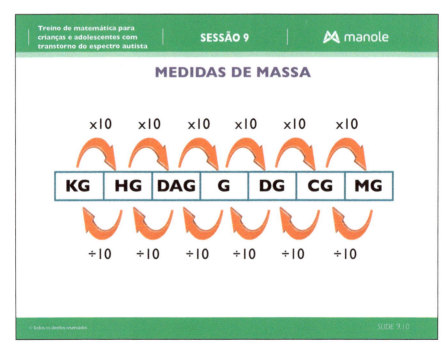

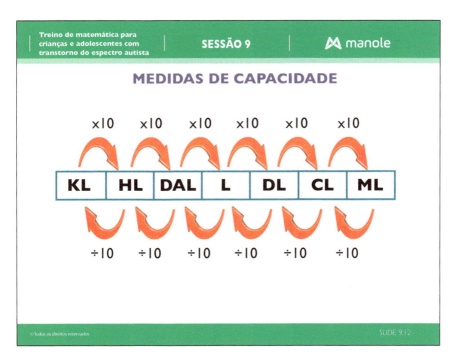

SESSÃO 9

Este exemplo pode ser usado para medidas de comprimento, massa e volume (capacidade), só mudam os nomes.

Observar que a vírgula fica sempre na casa da medida que acompanha o final do número.

Exemplo: converter 6,5 quilômetros em metros

	km	hm	dam	m	dm	cm	mm
6,5 km	6,	5					
6500 m	6	5	0	0			

SESSÃO 10

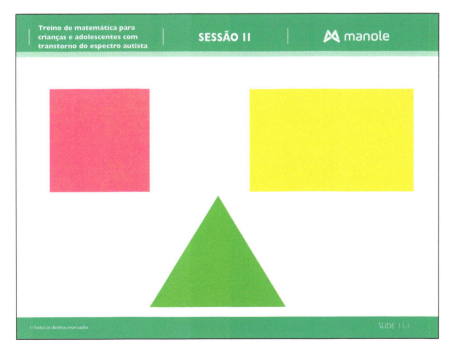

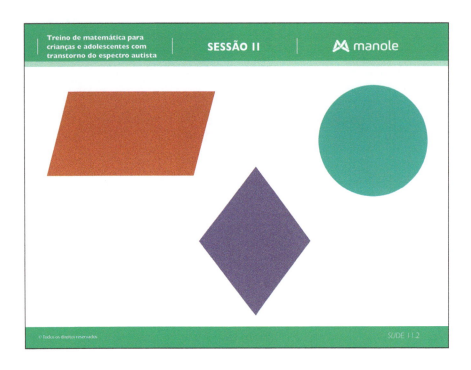
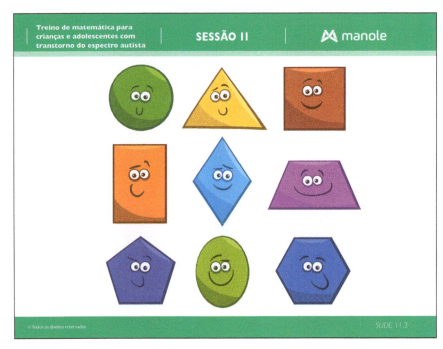

Série Psicologia e Neurociências

INTERVENÇÃO DE CRIANÇAS E ADOLESCENTES

Série Psicologia e Neurociências

INTERVENÇÃO DE ADULTOS E IDOSOS

www.manole.com.br